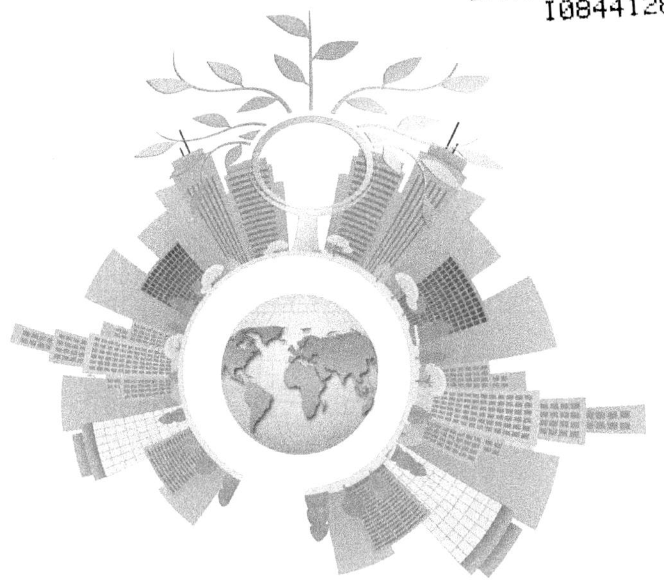

SUSTENTABILIDADE

E

ESG

SUSTENTABILIDADE

O termo "sustentabilidade" se refere à capacidade das ações que se voltam em atender às necessidades no presente sem comprometer a habilidade das gerações futuras de atenderem às suas próprias necessidades. Neste contexto, o princípio envolve equilíbrio entre os aspectos econômicos, sociais e ambientais, reconhecendo a interdependência entre estes três fundamentos para o mantimento da qualidade de vida no âmbito global.

Ou seja, uma abordagem sustentável é essencial para garantir que os recursos naturais não se esgotem ao mesmo tempo que promovam o desenvolvimento econômico e social, visando a durabilidade e resiliência a longo prazo.

Essa definição baseia-se no entendimento de que as ações realizadas em qualquer um destes meios, no meio ambiente, sociedade e economia estão interligadas, promovem impactos umas nas outras e a adoção de práticas que minimizem impactos negativos geram benefícios duradouros para o futuro do planeta.

Historicamente, o conceito de sustentabilidade tem suas raízes em exemplos de culturas antigas onde se praticava a gestão equilibrada dos recursos. Mas com a Revolução Industrial e a exploração desenfreada dos recursos, dá-se o início da degradação ambiental,levando ao surgimento dos primeiros movimentos ambientalistas noséculo XX.

Foi na Conferência de Estocolmo em 1972, que se introduziu o termo"sustentabilidade", e o Relatório Brundtland em 1987, que definiu o termo como o conhecemos hoje.

Desde então, o conceito evoluiu abrangendo os pilares ambiental, social e econômico, sendo adotado globalmente e integrado em estratégias corporativas. E começou a influenciar as decisões de compra, com a conscientização pública fazendo com os governos também se atualizassem criando leis, regras e políticas para a normatização e regulação da matéria.

Na sociedade contemporânea, a sustentabilidade tornou-se um estilo de vida, além de apenas uma visão de negócios. Tendências emergentes,como economia circular, evidenciam a necessidade urgente de práticas sustentáveis em nível global. Soluções sustentáveis e inovadoras estão

transformando a maneira

como vivemos e fazemos negócios,destacando a importância crescente da sustentabilidade no mundo moderno.

No contexto atual, a sustentabilidade emerge como um imperativo crucial que transcende fronteiras geográficas e setores econômicos. À medida que enfrentamos desafios cada vez mais prementes, como mudanças climáticas, escassez de recursos e desigualdades sociais, a busca por soluções sustentáveis tornou-se uma necessidade inadiável. A Seguir buscamos explorar a dinâmica da sustentabilidade no contexto atual, revelando sua transformação de um conceito emergente para um alicerce fundamental que guia decisões estratégicas em empresas,governos e comunidades ao redor do mundo. Neste cenário, a sustentabilidade não é apenas uma responsabilidade, mas também uma oportunidade para inovação, resiliência e prosperidade duradoura. Ao Adentrarmos nas complexidades e oportunidades dessa jornada,descobriremos como a sustentabilidade não é apenas uma escolha ética,mas uma força motriz essencial para um futuro equilibrado e sustentável

No cenário global contemporâneo, a saúde do nosso planeta enfrenta desafios monumentais que demandam atenção urgente e ação coordenada. Chamamos estes de desafios ambientais, os quais transcendem fronteiras, afetando ecossistemas, biodiversidade e, em última instância, a qualidade de vida de todas as formas de vida. Nesta Análise, exploraremos alguns dos desafios ambientais mais prementes que moldam a paisagem planetária.

O aumento das emissões de gases de efeito estufa, provenientes em grande parte de atividades humanas, impulsiona as mudanças climáticas. Essas alterações têm impactos devastadores, manifestando-se em eventos climáticos extremos, elevação do nível do mar e perturbações nos ecossistemas.

O aumento das temperaturas globais desencadeado pelas mudanças climáticas é uma ameaça multifacetada. Eventos climáticos extremos,como furacões, secas prolongadas e ondas de calor, tornam-se mais frequentes e intensos. Isso não apenas coloca em risco comunidades humanas, mas também desafia a resiliência dos ecossistemas terrestres e marinhos

A exploração excessiva, degradação do habitat e mudanças climáticas contribuem para a rápida perda de biodiversidade. A extinção de espécies e a fragmentação de ecossistemas comprometem a resiliência da vida na Terra e ameaçam a estabilidade dos serviços ecossistêmicos essenciais.

A poluição do ar, água e solo representa um desafio significativo. A liberação indiscriminada de poluentes químicos, plásticos e resíduos industriais impacta negativamente a qualidade do ar que respiramos, a água que bebemos e a fertilidade do solo essencial para a produção de alimentos.

A poluição, em suas diversas formas, gera consequências prejudiciais para a saúde humana e ecossistêmica.

A poluição do ar contribui para doenças respiratórias, enquanto a poluição da água afeta a qualidade da água potável e prejudica a vida aquática. A acumulação de resíduos plásticos nos oceanos, por sua vez, ameaça a biodiversidade marinha e ecossistemas costeiros

A exploração de recursos naturais, como água doce, solos férteis e

minerais, levanta preocupações
sobre a capacidade do planeta em
fornecer recursos suficientes para
uma população global crescente.

O esgotamento acelerado de recursos
naturais, compromete a capacidade
do planeta em sustentar a vida.
Práticas como a exploração excessiva
de recursos minerais e a conversão
desenfreada de terras para fins

agrícolas contribuem para a perda irreversível de ecossistemas vitais.

A expansão agrícola, a exploração madeireira descontrolada e as mudanças no uso da terra contribuem para o desflorestamento e degradação de florestas. Esses ecossistemas cruciais, conhecidos como pulmões do planeta, desempenham um papel vital na regulação climática e na manutenção da biodiversidade.

O rápido aumento na produção de resíduos, especialmente plásticos de uso único, representa um desafio para os sistemas de gestão de resíduos. Isso resulta em poluição significativa e danos aos ecossistemas marinhos e terrestres.

Todos estes desafios ambientais interligados exigem uma resposta global coordenada. A abordagem eficaz dessas questões críticas não apenas preserva a beleza natural da Terra, mas também garante um futuro sustentável para as gerações vindouras. Neste contexto, a conscientização, inovação tecnológica e políticas ambientais eficazes emergem como elementos cruciais na busca por soluções sustentáveis.

A interseção desses desafios também impacta diretamente a saúde humana.

As mudanças climáticas exacerbam a propagação de doenças tropicais, eventos climáticos extremos afetam a segurança alimentar e a poluição ambiental está ligada a uma série de doenças, desde respiratórias e cardiovasculares.

O desaparecimento de habitats devido

às mudanças climáticas e à degradação ambiental, juntamente com a poluição e o esgotamento de recursos, coloca em risco a biodiversidade global. Espécies enfrentam extinção mais rápida do que a capacidade natural de adaptação.

O impacto cumulativo desses desafios destaca a urgência de uma ação coletiva e abordagens inovadoras.

A transição para fontes de energia renovável, a implementação de práticas agrícolas sustentáveis e odesenvolvimento de tecnologias limpas são imperativos para mitigar esses impactos.

Em última análise, a busca por soluções requer uma abordagem holística e colaborativa, integrando esforços globais para reduzir emissões de carbono, promover práticas sustentáveis e preservar a rica diversidade de nosso planeta. Essa jornada não apenas protege nosso ambiente,mas também estabelece as bases para um futuro mais resiliente e sustentável.

Além dos impactos ambientais, as mudanças climáticas, poluição e esgotamento de recursos têm repercussões profundas e muitas vezes desproporcionais sobre as comunidades humanas. O impacto social desses desafios é multifacetado e afeta áreas como saúde, segurança alimentar, acesso a recursos básicos e justiça social.

As mudanças climáticas influenciam diretamente a saúde das comunidades, aumentando a incidência de doenças relacionadas ao calor, eventos climáticos extremos e a disseminação de vetores de doenças tropicais. Populações vulneráveis, muitas vezes, sofrem desproporcionalmente, enfrentando condições de vida mais precárias.

O aumento da frequência de eventos climáticos extremos, como secas e inundações, compromete a segurança alimentar. Comunidades agrícolas são impactadas pela variabilidade climática, afetando a produção de alimentos e, consequentemente, o acesso a alimentos nutritivos.

Mudanças climáticas e degradação ambiental podem desencadear movimentos populacionais significativos, levando a migrações forçadas e deslocamento de comunidades inteiras. Isso não apenas amplifica os desafios sociais, mas também contribui para a intensificação de tensões e conflitos.

Os impactos desses desafios ambientais não são distribuídos uniformemente. Comunidades já marginalizadas enfrentam maior vulnerabilidade. As desigualdades sociais agravam-se à medida que os recursos essenciais se tornam mais escassos, ampliando as disparidades de acesso a oportunidades, serviços e qualidade de vida.

A poluição e o esgotamento de recursos hídricos impactam diretamente o acesso à água potável. Comunidades que dependem de recursos hídricos locais muitas vezes enfrentam escassez, levando a condições insalubres e aumentando os riscos de doenças relacionadas à água.

Populações urbanas, particularmente em áreas de baixa renda,enfrentam desafios significativos relacionados à poluição do ar e à degradação ambiental, afetando a qualidade de vida, a saúde e o bem-estar.

O impacto social destes desafios ressalta a importância da justiça climática e de uma resposta socialmente equitativa. As comunidades afetadas têm a necessidade de serem incluídas no desenvolvimento de soluções, e ações coordenadas devem ser tomadas para garantir que os efeitos adversos não perpetuem desigualdades existentes.

No panorama global, questões sociais críticas como desigualdades,pobreza e acesso limitado à educação e saúde destacam-se como desafios persistentes que exigem atenção urgente e soluções eficazes.

Desigualdades sociais, muitas vezes enraizadas em estruturas históricas e sistemas discriminatórios, persistem em diversos níveis. Isso se reflete em disparidades de renda, oportunidades e acesso a recursos básicos. Desigualdade de gênero, racial e étnica contribui para uma distribuição desigual de benefícios sociais e econômicos, impactando negativamente as oportunidades de vida para muitos.

A pobreza é um desafio multifacetado que transcende fronteiras. A falta de acesso a recursos básicos, como alimentos, água potável e habitação,perpetua ciclos intergeracionais de privação. A pobreza está intrinsecamente ligada às desigualdades, à falta de oportunidades educacionais e ao acesso limitado a serviços de saúde, formando uma teia complexa de adversidades.

Embora o acesso à educação seja considerado um direito fundamental,milhões de pessoas em todo o mundo enfrentam barreiras significativas.Desafios como falta de infraestrutura, discriminação de gênero, pobrezae conflitos armados limitam a capacidade de muitos receberem umaeducação de qualidade.

O acesso equitativo à educação é crucial para romper o ciclo da pobreza e promover o desenvolvimento sustentável.

O acesso à saúde é outra área crítica onde as desigualdades persistem. Em Muitas partes do mundo, comunidades enfrentam barreiras para obter serviços de saúde essenciais, incluindo falta de infraestrutura, acesso limitado a profissionais de saúde e disparidades na qualidade dos cuidados. O acesso universal à saúde é uma meta que não só alivia o sofrimento humano, mas também fortalece as bases de sociedades saudáveis e produtivas.

A resolução dessas questões sociais requer uma abordagem ampla e colaborativa. Isso inclui a implementação de políticas públicas que combatam desigualdades sistêmicas, o investimento em infraestrutura educacional e de saúde, a promoção da inclusão social e a criação de oportunidades econômicas equitativas.

Em última análise, a compreensão e mitigação do impacto social desses desafios exigem uma abordagem holística que integre considerações sociais na formulação de políticas ambientais e ações sustentáveis. A

Construção de resiliência social é tão crucial quanto a preservação dos ecossistemas para enfrentar esses desafios globais. A construção de uma sociedade mais justa e sustentável requer o comprometimento coletivo com a erradicação das desigualdades e a promoção de oportunidades equitativas para todos. O progresso nessas áreas não apenas eleva a qualidade de vida das comunidades afetadas, mas contribui para o fortalecimento de sociedades mais resilientes e inclusivas.

* * *

ESG

A sigla ESG representa os pilares Ambiental (E = environmental), Social (S= social) e Governança (Governance), é um conjunto de critérios queas empresas e investidores utilizam para avaliar o desempenho corporativo e a responsabilidade corporativa e social nas empresas, e a seguir vamos detalhar cada um desses pilares.

Ambiental (Environmental): Este aspecto abrange as práticas relacionadas ao meio ambiente.

Inclui a gestão sustentável dos recursos naturais, a redução de emissões de carbono, a eficiência energética e outras iniciativas que minimizem o impacto ambiental.

Empresas Comprometidas com o pilar E de ESG estão voltadas para a gestão sustentável dos recursos naturais e a mitigação dos impactos ambientais adversos. Isso inclui a adoção de práticas eco eficientes, a redução de emissões de carbono, a gestão responsável de resíduos e o investimento em fontes de energia renovável. As empresas buscam não apenas atender às regulamentações ambientais, mas também implementar medidas proativas para preservar o meio ambiente, onde podemos apontar algumas ações:

Adoção de fontes de energia

renovável, como solar, eólica e hidrelétrica,para reduzir a dependência de combustíveis fósseis.

Implementação de tecnologias e práticas que aumentam a eficiência no uso de energia, como a instalação de equipamentos energeticamente eficientes e a otimização de processos.

Utilização de sistemas avançados de monitoramento para medir e controlar o consumo de energia em tempo real.

Substituição de sistemas de iluminação e equipamentos por versões mais eficientes em termos de energia.

Adoção de certificações e aderência a padrões de eficiência energética reconhecidos para edifícios e operações

Estabelecimento de programas de reciclagem para reduzir o desperdício e promover a reutilização de materiais.

Implementação de práticas que

visam reduzir a geração de resíduos
na fonte, como o design de produtos
com menor impacto ambiental.

Introdução de veículos de baixa
emissão ou veículos elétricos
na frota da empresa.

Incentivo ao Transporte Coletivo:
Estímulo a práticas como o uso

de transporte coletivo, caronas
ou bicicletas para reduzir
as emissões associadas ao
transporte de funcionários.

Participação em projetos que
visam compensar as emissões de
carbono,como plantio de árvores,
projetos de energia renovável
ou captura de carbono.

Seleção de fornecedores comprometidos com práticas sustentáveis e éticas.

Preferência por produtos e materiais que atendem a padrões ambientais e sociais específicos.

Desenvolvimento e suporte a programas que educam a comunidade sobre práticas sustentáveis.

Participação em projetos comunitários que promovem odesenvolvimento sustentável e melhoram a qualidade de vida local.

Essas práticas sustentáveis não apenas minimizam o impacto ambiental,mas também podem resultar em eficiências operacionais, economias de custos e uma reputação positiva no mercado. A integração dessas práticas em todas as operações é essencial para uma abordagem holística de sustentabilidade empresarial.

Social (Social): Refere-se às práticas sociais de uma empresa. Isso envolve questões de responsabilidade social, diversidade e inclusão,condições de trabalho, relações com a comunidade e programas filantrópicos. Empresas socialmente responsáveis se esforçam para criar ambientes de trabalho inclusivos, promover a diversidade e a igualdade de oportunidades, garantir condições laborais justas e contribuir positivamente para as comunidades em que operam. Além disso,práticas de S sólidas estão ligadas à responsabilidade social corporativa,incluindo iniciativas filantrópicas e voluntariado corporativo. As Empresas que incorporam o S do ESG estão comprometidas com o bem-estar de seus funcionários e das comunidades em que operam.

O pilar Social abrange uma série de considerações, desde as condições de trabalho e a diversidade até o envolvimento comunitário e as relações com partes interessadas.

Empresas socialmente responsáveis se esforçam para criar ambientes de trabalho inclusivos, promover a diversidade e a igualdade de oportunidades, garantir condições laborais justas e contribuir positivamente para as comunidades em que operam.Além disso, práticas de S sólidas estão ligadas à responsabilidade social corporativa, incluindo iniciativas filantrópicas e voluntariado corporativo,entre outros aspectos relacionados ao impacto social da empresa, a seguir alguns exemplos destas ações.

Implementação de políticas que promovam a diversidade em termos de raça, gênero, orientação sexual, idade e habilidades. Isso pode incluir metas de contratação, promoção da igualdade salarial e programas de capacitação.

Fomento de uma cultura organizacional que celebra e valoriza a diversidade, incentivando a colaboração e a aceitação em todos os níveis da empresa.

Garantia de acessibilidade física e digital para funcionários e clientes com diferentes necessidades.

Realização de due diligence para identificar e abordar potenciais impactos nos direitos humanos ao longo de toda a cadeia de valor da empresa.

Desenvolvimento e implementação de códigos de conduta éticos que respeitem e promovam os direitos humanos em todas as operações da empresa.

Treinamento contínuo para funcionários sobre questões relacionadas a direitos humanos, sensibilizando-os para a importância dessas questões.

Apoio financeiro a organizações sem fins lucrativos e projetos comunitários que abordam questões sociais, ambientais e de saúde.

Encorajamento da participação dos funcionários em iniciativas de voluntariado que beneficiem a comunidade local.

Colaboração com organizações externas e outras empresas para maximizar o impacto social e abordar desafios específicos.

Implementação de auditorias sociais para garantir que os fornecedores estejam em conformidade com padrões éticos e trabalhistas.

Estabelecimento de incentivos para fornecedores que demonstram compromisso com práticas sustentáveis e responsáveis.

Iniciativas que promovem a inclusão econômica de comunidades carentes, oferecendo oportunidades de emprego, treinamento e apoio a empreendedores locais.

Investimento em programas de microfinanças e desenvolvimento comunitário para fortalecer economicamente regiões menos favorecidas.

Desenvolvimento de indicadores que medem o impacto social das operações da empresa, permitindo uma avaliação contínua e transparência na comunicação dos resultados.

Publicação de relatórios de sustentabilidade que destacam os esforços da empresa em responsabilidade social, seus impactos positivos e as áreas de melhoria.

A responsabilidade social das empresas vai além do cumprimento de normas legais e regulamentações; envolve um compromisso ativo com práticas éticas que beneficiam não apenas a empresa, mas também a sociedade como um todo. Essas práticas não apenas reforçam a reputação da empresa, mas também contribuem para a construção de comunidades mais resilientes e equitativas.

Governança (Governance): Este pilar diz respeito à estrutura e práticas de governança de uma empresa.

Inclui a transparência nas operações, a integridade dos líderes, a equidade acionária, as práticas contábeis sólidas e a eficácia do conselho de administração. Boas práticas de governança são fundamentais para garantir a prestação de contas e a confiança dos investidores.

Este pilar trata da estrutura e das práticas de governança de uma empresa. Boas práticas de governança são cruciais para a integridade e transparência nas operações. Isso inclui a composição eficaz do conselho de administração, a clareza nas divulgações financeiras, a equidade acionária, a gestão eficiente de conflitos de interesse e a implementação de políticas éticas. Empresas que enfatizam o G do ESG buscam garantir a responsabilidade corporativa e a prestação de contas, demonstrando um compromisso com a ética nos negócios e a confiança dos investidores. A governança corporativa compreende algumas práticas fundamentais, a seguir algumas delas.

A Transparência, a qual refere-se à divulgação clara e abrangente de informações relacionadas às atividades da empresa. Isso inclui demonstrações financeiras, políticas internas e tomadas de decisão.

A transparência permite que partes interessadas, como investidores e consumidores, avaliem o impacto ambiental e social das operações da empresa, promovendo a responsabilidade corporativa.

A prestação de contas, que envolve a responsabilização dos tomadores de decisão pelos resultados das ações da empresa

Ao serem responsáveis pelas consequências de suas práticas, as empresas são incentivadas a adotar abordagens mais sustentáveis para evitar impactos negativos na sociedade e no meio ambiente. Empresas Responsáveis incorporam práticas sustentáveis em suas operações,minimizando danos ambientais e contribuindo positivamente para o bem-estar da sociedade

A equidade refere-se à imparcialidade nas relações com acionistas,funcionários e outras partes interessadas. As práticas equitativas garantem que todos os stakeholders se beneficiem de forma justa,promovendo um ambiente de negócios ético e sustentável.

A responsabilidade corporativa significa que as empresas assumem um compromisso com a sociedade, agindo eticamente e considerando oimpacto de suas decisões na comunidade e no meio ambiente.

Agora você entende quais são as características do ESG e o que significa esta sigla. A integração bem-sucedida desses critérios não apenas impulsiona a sustentabilidade, mas também cria valor a longo prazo para as empresas. Empresas socialmente responsáveis não apenas mitigam riscos, mas também atraem investidores e consumidores que valorizam práticas éticas e sustentáveis. O ESG, portanto, representa uma abordagem holística para o sucesso empresarial, onde considerações ambientais, sociais e de governança são intrínsecas às operações e estratégias

Concluímos então, que ESG representa uma abordagem integrada, onde osucesso sustentável das empresas não é apenas medido por indicadores financeiros, mas também pela consideração cuidadosa dos impactos ambientais, sociais e de governança. Esses três pilares não apenas reforçam a sustentabilidade, mas também são fatores críticos na construção de uma reputação corporativa sólida e duradoura.

* * *

ABOUT THE AUTHOR

Carlos Nunes

Nascido em 22 de maio de 1982 na cidade de Curitiba,
desde cedo já esboçava seus talentos artisticos, em desenhos e
outros rabiscos. Começou a escrever ainda na juventude, quando
também teve suas primeiras experiencias no território da musica,
e também no teatro estudantil.
Músico, baixista, vocalista, compositor e escritor,
Carlos escreve poemas e músicas desde 1996 quando descobriu
que poderia expor suas opiniões, desgostos, fadigas, conflitos e
realizações por meio da arte.

Químico e Gestor Ambiental de formação, se aventura agora no
mundo da literatura, utilizando-se diversas vezes da linguagem
coloquial, cotidiana do dia a dia para também publicar seus
estudos sobre os temas das Ciências Ambientais.

BOOKS BY THIS AUTHOR

Segredos, Sussuros E Escarros

Quando se viu em uma ruína completa,
de uma vida desregrada e propensa a auto destruição,
recebeu o convite para reunir seus escritos perdidos,
perdidos no tempo e no espaço de sua sala bagunçada.
Aceitou, então, o convite. E deste, nasce este volume, um compilado de poemas
que retratam as mágoas, dramas, pensamentos, conflitos,
segredos, sussurros e também os escarros que antes estavam guardados na "Caixa de Pandora" de sua mente.

Uma antologia poética que vai do sentimento de amor profundo
até o dedo na ferida mais dolorida da alma.
Com uma forma e estilo de escrita peculiar,
Segredos, Sussuros e Escarros te levará ao âmago do sentimento humano,
para o bem ou para o mal,
abrindo as portas do inconsciente do leitor,
levando-o ao extremo do pensar, e do sentir.

www.ingramcontent.com/pod-product-compliance
Lightning Source LLC
Chambersburg PA
CBHW060956260726
48661CB00005B/1897